青海省地方标准

多年冻土区　隔热层路基技术规范

Technological Code for Thermal-insulation Subgrade in Permafrost Regions

DB63/T 1485—2016

主编单位:青海省交通科学研究院
批准部门:青海省质量技术监督局
实施日期:2016 年 06 月 01 日

人民交通出版社股份有限公司

图书在版编目（CIP）数据

多年冻土区隔热层路基技术规范：DB63/T 1485—2016 / 青海省交通科学研究院主编. — 北京：人民交通出版社股份有限公司，2017.5

ISBN 978-7-114-13762-4

Ⅰ. ①多… Ⅱ. ①青… Ⅲ. ①冻土区—隔热层—公路路基—技术规范—中国 Ⅳ. ①U416.1-65

中国版本图书馆 CIP 数据核字（2017）第 077987 号

标准类型： 青海省地方标准
标准名称： 多年冻土区 隔热层路基技术规范
标准编号： DB63/T 1485—2016
主编单位： 青海省交通科学研究院
责任编辑： 丁 遥
出版发行： 人民交通出版社股份有限公司
地　　址： （100011）北京市朝阳区安定门外外馆斜街 3 号
网　　址： http://www.ccpress.com.cn
销售电话： （010）59757973
总 经 销： 人民交通出版社股份有限公司发行部
经　　销： 各地新华书店
印　　刷： 北京市密东印刷有限公司
开　　本： 880×1230 1/16
印　　张： 1
字　　数： 22 千
版　　次： 2017 年 5 月 第 1 版
印　　次： 2017 年 5 月 第 1 次印刷
书　　号： ISBN 978-7-114-13762-4
定　　价： 20.00 元
（有印刷、装订质量问题的图书，由本公司负责调换）

目　次

前　言

本标准按照 GB/T 1.1—2009 给出的规则编写。

本标准由青海省交通运输厅提出并归口。

本标准起草单位：青海省交通科学研究院、青海地方铁路建设投资有限公司、青海第三路桥建设有限公司、青海威远路桥有限责任公司、中科院寒区旱区环境与工程研究所、青海一达交通科技有限公司。

本标准主要起草人：房建宏、徐安花、韦安祥、张虎发、柳金福、刘磊、王新燕、苏兆邦、韩守勇、蔡相连、李东庆、明锋、高春元。

多年冻土区　隔热层路基技术规范

1　范围

本标准规定了多年冻土区隔热层路基的适用范围、技术要求、参数设计、施工工艺和质量验收标准。

本标准适用于多年冻土区隔热层路基的设计、施工、检测。

2　规范性引用文件

下列文件对于本文件的应用是必不可少的。凡是注日期的引用文件,仅注日期的版本适用于本文件。凡是不注日期的引用文件,其最新版本(包括所有的修改单)适用于本文件。

JTG D30　公路路基设计规范

GB 50324　冻土工程地质勘察规范

JTG/T D31-04　多年冻土地区公路设计与施工技术细则

3　术语与定义

以下术语和定义适用于本文件。

3.1

冻土　frozen ground

具有负温或零温度并含有冰的土(岩)。

3.2

多年冻土　permafrost

持续冻结时间在两年或两年以上的土(岩)。

3.3

多年冻土上限　permafrost table

多年冻土层的上界面。

3.4

冻结指数　freezing index

一年中低于0℃的气温与相应持续天数乘积的代数和。

3.5

导热系数　thermal conductivity

在单位温度条件下,单位时间内通过单位面积的热量。

3.6

融化指数　thawing index

一年中高于0℃的气温与相应持续天数乘积的代数和。

3.7

路基融化盘　thaw bulb under heated subgrade

在路基下部,多年冻结地基土发生融化的部分,一般形如盘、盆状。

3.8

路基临界高度　critical height of subgrade

与分界稠度相对应的路基离地下水位或地表积水水位的高度。

3.9

隔热层路基　thermal-insulation subgrade

也称保温层路基,它利用工业隔热材料,增大路基热阻,减少大气热量传入路基下,保持冻土地基的地温,以达到抑制或减小多年冻土融化深度的目的,是维持冻土路基热稳定性的工程措施之一。

4　基本规定

4.1　工作原理

隔热层路基通过在路基结构体内铺设具有高热阻性能的隔热保温材料,有效地增加路基结构体的热阻,减少路基下多年冻土的吸热量,在一定时间内起到保护路基下多年冻土的作用。

4.2　适用范围

在稳定地温带、基本稳定地温带的多年冻土区,或者空气冻结指数为融化指数5倍以上地区,当路基高度不能满足保护冻土上限不变的最小高度时,可采用隔热层调控温度的工程措施。

隔热层路基适用于:

a)　受路线纵坡控制,路基高度小于路基临界高度或路基设计高度大于3.5m的路段;

b)　低填、浅挖路段及路堑或翻越垭口地段;

c)　低路基或阴坡线路(即路基阳坡较低)地段;

d)　治理路基下融化盘偏移的病害地段。

4.3　设计原则

4.3.1　隔热层路基设计应在掌握和综合分析冻土工程地质勘察资料,充分考虑建设区的冻土环境影响因素及工程成功经验的基础上,进行热工计算,确定隔热层路基设计方案。

4.3.2　隔热层路基设计应执行《公路路基设计规范》(JTG D30)、《多年冻土地区公路设计与施工技术细则》(JTG/T D31-04)的规定,并确定设计原则及路基设计断面。

5　参数设计

5.1　隔热材料技术要求

路基工程中常用的隔热保温材料技术性能为:导热系数应小于0.025W/(m·K)、吸水率应小于0.5%、密度应大于43kg/m^3、抗压强度应大于500kPa。

5.2　隔热层厚度

隔热层厚度宜为0.05m~0.10m。

5.3　隔热层埋设范围

隔热层一般埋设在路面结构层底面以下0.5m,或高出地面以上0.5m。隔热层设置宽度应与设置位置的路基同宽,隔热层横坡应与路基横坡相同。

5.4 隔热层过渡段

隔热层过渡段应向两端外延铺设不小于10m。

6 施工技术

6.1 隔热材料准备

6.1.1 隔热材料应按设计要求的性能指标和拼接方式提前定制，保证施工进度及隔热板的隔热效果。
6.1.2 隔热材料进场时，必须提供产品合格证及第三方检测报告。
6.1.3 隔热材料应储存在干燥、通风、干净、防火的库房内，不得与化学药品接触。
6.1.4 隔热材料应轻装轻卸、堆放平整，采取遮阳、防雨措施。

6.2 施工前技术交底

6.2.1 施工操作人员必须熟练掌握隔热层施工技术及质量控制要求。
6.2.2 在大面积施工之前，应先铺设试验路。
6.2.3 应编制隔热层路基专项施工技术方案。

6.3 隔热层下垫层铺设

6.3.1 严格控制隔热层下路基填筑的高程、横坡、压实度、平整度。
6.3.2 隔热板下铺设中粗砂下垫层，中粗砂应干净、坚硬，不得有大于10mm粒径的块、砾石，含泥量不得大于5%。
6.3.3 下垫层中粗砂整平压实，厚度应不小于0.1m。
6.3.4 严禁采用喷水饱和法进行压实。

6.4 隔热层铺设

6.4.1 下垫层高程、横坡、平整度达到控制指标后，清除下垫层表面杂物，进行施工放样。
6.4.2 依据设计文件要求进行隔热层铺设（参照附录A）。
6.4.3 采用双层隔热板铺设时，上下板接缝应交错，错开距离不小于0.2m。

6.5 隔热层上垫层铺设

6.5.1 隔热板上铺设0.2m厚的中粗砂上垫层，中粗砂控制指标同6.3。
6.5.2 上垫层要求均匀、平整。
6.5.3 上垫层的厚度、横坡、平整度经检测合格后，方可进入下道工序。

6.6 过渡段处理

6.6.1 按设计文件要求铺设过渡段，长度不小于10m，且应符合《多年冻土地区公路设计与施工技术细则》（JTG/T D31-04）中的相关规定。
6.6.2 隔热层两端用中粗砂覆盖，填料顺坡长度为5m～10m。

7 隔热材料质量检测

7.1 外观检测应满足以下要求：

a） 色泽均匀，阻燃型隔热材料应掺有颜色的颗粒，以示区别；

b） 表面平整，无明显收缩变形和膨胀变形；

c） 熔结良好；

d） 无明显油渍和杂质。

7.2 尺寸及允许偏差应符合表1的规定。

表1 隔热材料尺寸及允许偏差

单位为毫米

长度、宽度尺寸	允许偏差	厚度尺寸	允许偏差	对角线尺寸	对角线差
<1 000	±5	50	±2	<1 000	≤5
1 000～2 000	±8	50～75	±3	1 000～2 000	≤7
2 000～4 000	±10	75～100	±4	2 000～4 000	≤13
≥4 000	±10	100	±5	≥4 000	≤15

8 隔热层路基施工检测

8.1 隔热层下垫层施工质量检测标准应符合表2的规定。

表2 隔热层下垫层施工质量检测标准

项次	检 查 项 目	规定或允许偏差	检测方法与频率
1	下垫层厚度	不小于设计值	尺量，每100m检查3点
2	下垫层宽度	±50mm	尺量，每100m检查3点
3	平整度	10mm	3m直尺量，每100m检查10点
4	顶面高程	±30mm	水准仪测量，每100m检查3点
5	横坡	±0.5%	水准仪测量，每100m检查3点

8.2 隔热层铺设质量检测标准应符合表3的规定。

表3 隔热层铺设质量检测标准

项次	检 查 项 目	规定或允许偏差	检测方法与频率
1	隔热层宽度	不小于设计值	尺量，每100m检查5点
2	中线至边缘	±30mm	尺量，每100m检查5点
3	隔热层接缝	符合设计要求	尺量、目测，每100m检查20点

8.3 隔热层上垫层施工质量检测标准应符合表4的规定。

表4 隔热层上垫层施工质量检测标准

项次	检 查 项 目	规定或允许偏差	检测方法与频率
1	上垫层厚度	±10mm	尺量，每100m检查3点
2	上垫层宽度	不小于设计值	尺量，每100m检查3点
3	平整度	15mm	3m直尺量，每100m检查10点
4	顶面高程	±50mm	水准仪测量，每100m检查3点
5	横坡	±0.5%	水准仪测量，每100m检查3点

8.4 隔热层路基施工质量检测标准应符合表5的规定。

表5 隔热层路基施工质量检测标准

项次	检查项目	允许偏差	检查方法与频率
1	隔热板材尺寸	1/100	<2 000m³ 抽检2块， 2 000～5 000m³ 抽检3块， 5 000～10 000m³ 抽检4块， ≥10 000m³ 每2 000m³ 抽检1块
2	隔热板材密度	≥设计值	天平，抽样频率同项次1
3	基底压实度	≥设计值	环刀法或灌砂法，每1 000m³ 检测2点
4	垫层平整度	10mm	3m直尺量，每20m检查3点
5	垫层之间平整度	20mm	3m直尺量，每20m检查3点
6	隔热板材之间缝隙、错台	10mm	卷尺丈量，每20m检查1点

附 录 A
（资料性附录）
隔热层拼接

A.1 拼接方式有：平接、搭接、企口接（图 A.1）。

A.2 在订购隔热材料时就应拟定板的搭接方式，由厂家预先制作搭接槽，施工时用黏合剂胶结连接。

A.3 直线段宜采用搭接或企口接方式进行连接。

A.4 曲线段宜采用平接方式，且采用直向积累、集中拼缝处理方法进行连接铺设（图 A.2），板间用黏合剂胶结密实。铺设应自然平整，板材嵌挤紧密，不留空隙，弯道路段适当加宽。

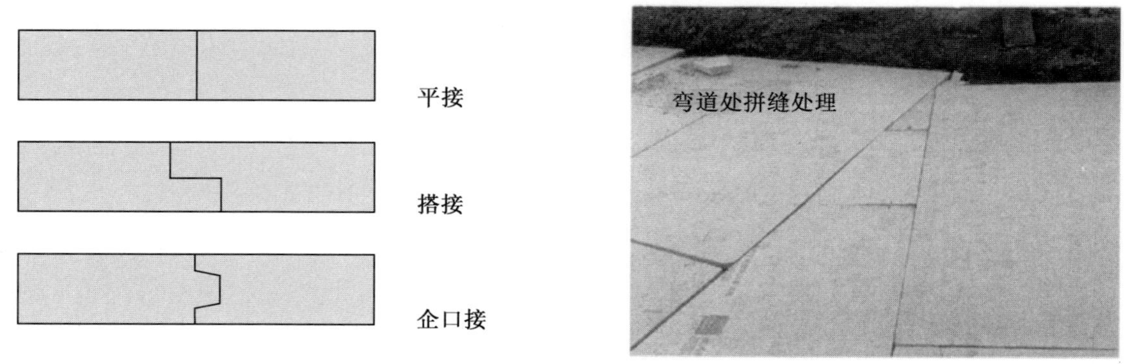

图 A.1 隔热材料拼接示意图　　图 A.2 弯道处拼缝处理示意图

A.5 隔热层铺设完毕，经检查合格后，应在当天铺筑上垫层，避免隔热层长时间暴露。

附 录 B
（资料性附录）
条 文 说 明

B3 术语与定义

B3.8 路基临界高度 critical height of subgrade

路基临界高度是指在不利季节当路基分别处于干燥、中湿或潮湿状态时，路床表面（路槽底面）距地下水位或地表积水水位的最小高度，或者说与分界相对稠度相对应的路基离地下水位或地表积水水位的高度。根据土质、气候因素，其高度可按当地经验确定，以 H_1、H_2、H_3 分别代表干燥与中湿、中湿与潮湿、潮湿与过湿状态的临界高度。对于新建公路，路基尚未建成，无法按平均稠度确定路基湿度状况时，可通过路基临界高度值与路基设计高度来确定路基的干湿类型。

B3.9 隔热层路基 thermal-insulation subgrade

隔热层路基是利用工业隔热材料，增大路基热阻、减少大气（太阳）热量传入路基下的一种路基结构形式，其可在一定时间内（如设计年限内）起到保护冻土或延缓冻土退化的作用。目前所采用的隔热材料有聚苯乙烯（EPS）泡沫和挤塑聚苯乙烯（XPS）泡沫，该类材料具有轻质、多孔、导热系数小、热阻高及强度大等特点。

B4 基本规定

B4.1 工作原理

隔热保温材料的导热系数与土体导热系数的巨大差异（约 40 倍），将会导致隔热保温层上下形成很大温差（热阻效应），由此决定隔热层下部土体温度年较差降低。因此，在普通路基中增设隔热层，可减少对下部热量的传输，保持多年冻土上限的相对稳定。

B4.2 适用范围

隔热层路基适用于热稳定区。根据《冻土工程地质勘察规范》（GB 50324），多年冻土地温分带可按表 B.1 划分。

表 B.1 多年冻土地温分带

平均地温 T_{cp}（℃）	$T_{cp} < -3$	$-3 \leq T_{cp} < -1.5$	$-1.5 \leq T_{cp} < -0.5$	$-0.5 \leq T_{cp} < 0$
分带名称	稳定地温带	基本稳定地温带	不稳定地温带	极不稳定地温带

B5 参数设计

B5.1 隔热材料技术要求

我国多年冻土区路基工程中常采用的隔热保温板相关指标见表 B.2。隔热材料可采用聚氨酯板（PU 板）、聚苯乙烯板（EPS 板）或挤塑聚苯乙烯板（XPS 板）。从不同地区采用的隔热保温板来看，以前多采用 EPS 板和 PU 板，但随着科技发展和价格波动，后期多采用强度高、保温性能更好的挤塑聚苯乙烯板（XPS 板）。本标准推荐采用 XPS 板作为隔热材料。

表 B.2 不同地区路基工程使用的隔热保温板性能情况

使用地段	材料	表观密度（kg/cm^3）	导热系数［W/（m·K）］	体积吸水率（%）	抗压强度（kPa）	使用板厚度（mm）
国道 301 线	XPS	40	0.030	<1.0	>300	50～100
青藏铁路试验段	EPS	42	0.030	3.6	345	80～100
	PU	59	0.019 7	1.4	322	40～80
青藏公路	EPS	30	0.030	3.6	345	60～100
国道 214 线	XPS	44.9	0.024 5	0.39	711	60

B5.2 隔热层厚度

从热阻的角度，可采用等效热阻方法来确定隔热层的合理厚度：

$$d_x = k\frac{d_s \cdot \lambda_x}{\lambda_s} \tag{B.1}$$

式中：d_x、d_s——工业隔热材料板与等效土体的厚度；

λ_x、λ_s——工业隔热材料板与等效土体的导热系数；

k——安全系数，工业隔热材料用于路基时，取 1.5～2.0；用于路基边坡时，取 1.2～1.5。

根据路基合理高度的概念和表达式，进一步提出保温隔热材料的合理厚度 $d_{合}$：

$$d_{合} = 0.054\,2\frac{\lambda_e \cdot \Delta t}{\lambda_s} - 1.104\,5\frac{\lambda_e \cdot h_{天}^0}{\lambda_s} + 4.787\,6\frac{\lambda_e}{\lambda_s} - \frac{\lambda_e}{\lambda_s}(h_u + h_d) \tag{B.2}$$

$$h_{天}^0 = 0.023\,2(t_0 - 1\,999) + 2.01 \tag{B.3}$$

式中：λ_e、λ_s——工业隔热材料板与等效土体的导热系数；

h_u、h_d——隔热材料上伏土体的厚度和下垫土层的厚度；

Δt——道路设计年限（年）；

t_0——道路设计年份；

$h_{天}^0$——设计年份冻土天然上限（m）。

青藏铁路隔热保温路基试验段观测表明，随着隔热保温板厚度的增加，板上下的温差也随之增大（表 B.3）。也就是说隔热保温板厚度越大，阻隔外界热量向下传输的能力也越大，使得板上下温差增大，对路基的降温效果也较好。

表 B.3 青藏铁路隔热保温路基不同厚度 EPS 板上下温差对比 单位为摄氏度

断面里程	保温板厚度（m）	埋设位置	路基高度（m）	2002 年			2003 年			2004 年		
				板上	板下	温差	板上	板下	温差	板上	板下	温差
DK1027+045	0.06	路肩下 0.8m	3.1	6.1	5.74	0.36	6.82	5.12	1.7	7.36	5.49	1.87
DK1027+160		地面上 0.5m	3.8	-0.21	-0.4	0.19	-0.16	-0.32	0.16	-0.16	-0.4	0.24

表 B.3(续)

断面里程	保温板厚度(m)	埋设位置	路基高度(m)	2002年			2003年			2004年		
				板上	板下	温差	板上	板下	温差	板上	板下	温差
DK1139 +820	0.08	地面上0.5m	2.69	9.4	1.8	7.6	—	—	—	5.3	0.7	4.6
DK1024 +775		路肩下0.8m	3.0	14.25	4.72	9.53	11.89	3.85	8.04	7.34	1.71	5.63
DK1139 +740			3.03	9.8	3.8	6	8.7	—	—	4.8	—	—
DK1024 +625	0.10	地面上0.5m	3.0	8.1	1.02	7.08	6.15	0.03	6.12	—	—	—
DK1139 +670			4.12	8.4	1.1	7.3	—	—	—	14.5	11.2	3.3
DK1024 +725		路肩下0.8m	3.0	14.43	4.84	9.59	11.52	3.4	8.12	9.02	1.9	7.12

B5.3 隔热层埋设范围

单从热学角度,隔热层埋深在表层或浅层较好,但失去上覆层的保护容易遭到破坏。因此,应将隔热层埋设在路面结构层与土基之间较合理。根据车辆荷载的特点和路面下应力扩散原理,以及 XPS 板容许承载力等条件,隔热层的合理埋置深度按下式计算:

$$\frac{2Pd}{d + 2h\tan\varphi} + h\rho \leqslant \sigma \tag{B.4}$$

式中:P——轮胎的压强(MPa);

d——单轮传压面当量圆直径(m);

ρ——XPS 板以上各结构层密度加权平均值(MN/m^3);

φ——XPS 板以上和结构层应力扩散角加权平均值(°);

h——XPS 板合理埋深(m);

σ——XPS 板容许压应力(MPa)。

不同隔热材料,有着不同的容许压应力(σ),根据隔热层上部不同填料对应计算出应力扩散角加权平均值(φ)和结构层密度加权平均值(ρ),代入相关参数可计算出隔热层的合理埋深。

青藏铁路的试验结果认为,对50年使用寿命的路基,采用低埋深隔热层效果更佳,可更好阻止路基边坡热量的传入,减小冻土路基的融化深度。

综合考虑保温效果、施工压实、安全系数等因素的影响,目前常用的 XPS 板隔热层一般埋设在路面结构层以下0.5m(低路基),高出地面以上0.5m(高路基)。

B6 施工技术

B6.1 隔热材料准备

隔热保温路基所采用的工业保温材料应依据设计要求预先准备,运到施工现场后,应对隔热保温板的宽度、厚度、长度进行表观检验,分批抽检,委托有资质的单位进行产品质量检验,符合设计要求后才能采用。

B6.2 施工前技术交底

施工前,应进行试验段施工,确定上垫层厚度、上料、摊铺、平整和碾压工艺的试验以及合理的机械配套,并进行结构层压实度和隔热保温层完整性的检验,符合设计要求后,方可进行大规模的铺设。

B6.4 隔热层铺设

铺设隔热层时，接缝处应密闭，按设计要求的接口方式，采用黏合剂紧密黏合。若两层或多层铺设时，应错缝铺设，层间应黏合密实，避免板与板之间脱离。

施工季节应避开最大融化深度的季节，隔热层应在寒季末施工，宜在三月至五月铺设。